loqueleo

Para Alice, Héctor y Tom
N.D.

Para Lin
G.B.

loqueleo

Título original: *Ice Bear*

Publicado en español con la autorización de Walker Books Limited, London SE11 5HJ

2023 NW 84th Avenue, Miami, FL 33122, USA
www.santillanausa.com
www.loqueleo.com/us

Dirección editorial: Isabel C. Mendoza
Traducción: Alberto Jiménez
Cuidado de la edición: Lisset López
Montaje: Claudia Baca

Loqueleo es un sello del **Grupo Editorial Santillana**. Estas son sus sedes:
Argentina, Bolivia, Chile, Colombia, Costa Rica, Ecuador, El Salvador, España, Estados Unidos,
Guatemala, México, Panamá, Paraguay, Perú, Puerto Rico, República Dominicana, Uruguay y Venezuela.

El oso del hielo
ISBN: 978-1-64101-320-8

Published in the United States of America

Printed in the United States of America at Gasch Printing

25 24 23 22 21 20 19   1 2 3 4 5 6 7 8 9 10

El oso del hielo

Nicola Davies

ilustrado por Gary Blythe

loqueleo

El oso polar tiene el cuello y las patas más largos que sus parientes cercanos, el oso pardo y el grizzly.

NUESTRA gente, los inuit, lo llaman *NANUK*.
Oso blanco, oso de hielo, oso marino, lo llaman otros.
¡Es un oso, claro que sí, pero no como cualquier otro!
¡Es UN **OSO POLAR**, perfecto
para nuestro mundo helado!

No hay helada que pueda quitarle el calor porque el **OSO POLAR** tiene una doble capa que lo impide: una de grasa, de cuatro dedos de profundidad, y otra de pelo. Como si esto fuera poco, su pelaje no es realmente blanco sino que es hueco; está lleno de aire, para evitar que el calor se escape. Debajo, su piel negra absorbe el calor.

Solo la nariz del oso polar y las almohadillas de sus patas carecen de pelo.

Los osos polares se esmeran para mantenerse limpios y así cuidan su capacidad de camuflarse en medio de la blancura de la nieve y el hielo. Se frotan con el hielo y los diminutos cristales eliminan la suciedad de su pelaje.

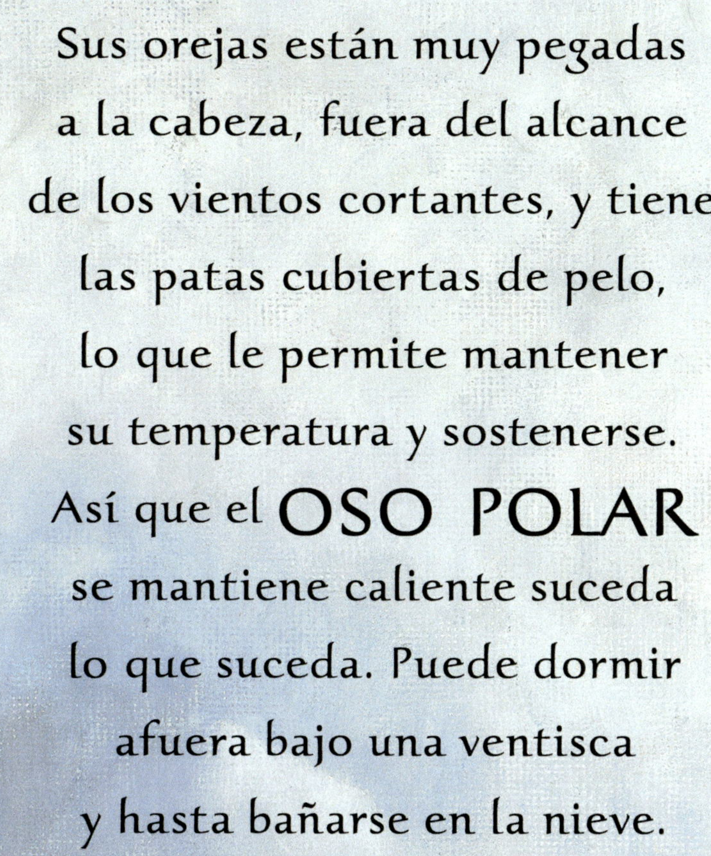

Sus orejas están muy pegadas
a la cabeza, fuera del alcance
de los vientos cortantes, y tiene
las patas cubiertas de pelo,
lo que le permite mantener
su temperatura y sostenerse.
Así que el **OSO POLAR**
se mantiene caliente suceda
lo que suceda. Puede dormir
afuera bajo una ventisca
y hasta bañarse en la nieve.

Los osos polares pueden mantener su calor corporal en temperaturas de 40 °C bajo cero y menos.

El **OSO POLAR** es un gran cazador. Pesa más que dos leones y a su lado un tigre se vería demasiado pequeño...

Los osos polares son los más grandes cazadores terrestres: los machos pueden medir hasta tres metros de longitud y pesar tanto como diez personas.

Una sola de sus patas cubriría esta página
y sus garras romperían el papel.

Puede correr tan rápido como una motonieve o caminar y caminar durante días. Es capaz de nadar cien millas sin descanso para cruzar el mar entre témpanos de hielo, sacudirse el agua del pelaje y seguir andando.

Su capa de grasa lo mantiene abrigado en el mar
y sus patas palmeadas le sirven para nadar.
Su pelaje, que repele el agua, se seca muy rápidamente.

Nada detiene al **OSO POLAR**.

Las focas son su presa.
Las caza en el mar congelado, muy adentro,
esperándolas en los agujeros que ellas hacen
en el hielo para salir a respirar
o acechándolas mientras duermen.

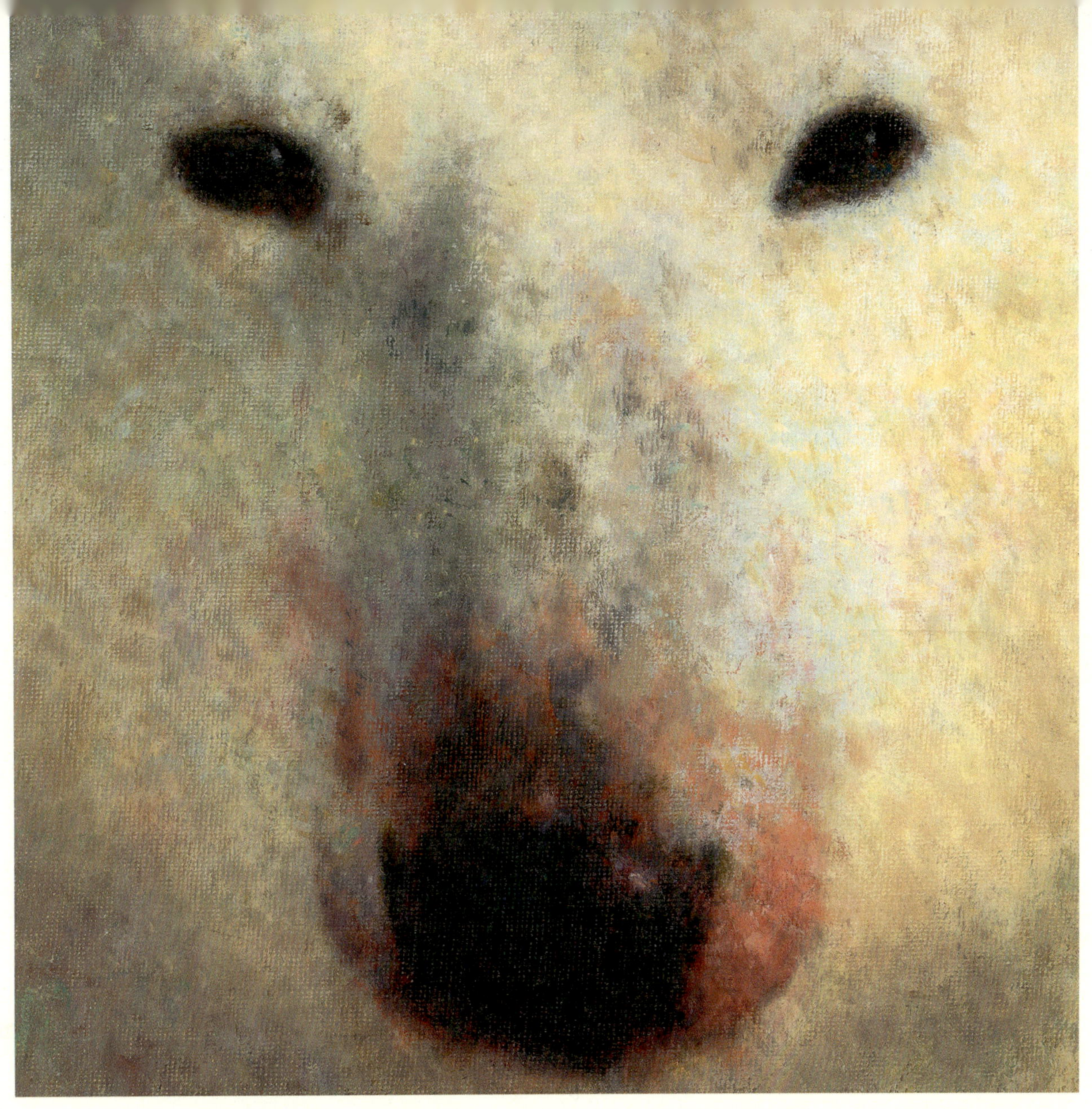

El **OSO POLAR** es una figura blanca
en un mundo blanco, invisible hasta
que es demasiado tarde.
Un fulminante golpe de garra y un mordisco
le bastan para acabar con la foca.

Pero el OSO POLAR también es tierno. La mamá osa cuida de sus oseznos recién nacidos en su guarida de invierno. Levanta sus cuerpecillos con sus grandes patas y los amamanta.

Los osos polares recién nacidos son diminutos: pesan unos 600 gramos, ¡más o menos lo mismo que una cobaya!

En primavera, mamá osa se los lleva a cazar
y durante dos años los protege y los
alimenta hasta que aprenden a cazar,
como ella..., solos.

Las osas polares suelen tener dos oseznos al mismo tiempo, aunque a veces solo tienen uno y, muy raramente, trillizos.

SOLOS... durante los veranos,
cuando el sol sube y baja en el cielo y los días
se suceden sin noches entre ellos.

En el ártico es de día todo el tiempo en verano
y de noche todo el tiempo en invierno.

En verano el mar de hielo se derrite y los osos polares no pueden cazar focas, ya que quedan fuera de su alcance. En esa época comen casi cualquier cosa: peces, pájaros muertos, bayas, incluso hierba.

SOLOS... durante los inviernos, en los que el sol no sale jamás y las estrellas de la Osa Mayor brillan en la oscuridad

SOLOS... hasta que se cruzan los caminos de dos cazadores. Entonces, balancean sus cabezas para saludarse y se muerden con tanta suavidad que no romperían un huevo. Comprueban cautelosamente la fuerza del otro. ¿Y después?

¡Juegan!

Gigantes que ruedan
en la blancura,
tan hermosos
como copos
de nieve...

¡Las verdaderas peleas entre osos polares son muy peligrosas!
Por eso los machos juegan a luchar para ver cuál es más fuerte,
sin que ninguno de los dos se arriesgue a sufrir daño.

Los científicos creen que cuando los seres humanos llegaron al Ártico, hace unos 40 000 años, aprendieron a sobrevivir observando a los osos polares.

...hasta que se separan para continuar cada uno por su camino.

Nosotros, los inuit, observamos a NANUK,
como lo hicimos por primera vez cuando la Tierra parecía nueva
y el OSO POLAR nos enseñó a amar el Ártico,
cómo refugiarnos de las ventiscas en casas de nieve,
cómo cazar focas con paciencia y velocidad y cómo vivir días
iluminados por las estrellas y noches en las que brilla el sol.

Muchos osos polares y muchos inuit han pasado desde entonces,
y aún compartimos nuestro mundo con gratitud y orgullo.

Índice

Busca en las páginas que se indican para aprender sobre todas estas cosas de los osos polares. No olvides mirar ambos tipos de palabras:

este tipo y este tipo.

Sobre los osos polares

Los osos polares están protegidos por acuerdos internacionales dondequiera que se encuentren. Pero el calentamiento global puede estar derritiendo el hielo marino del cual dependen. Estas son algunas cosas que puedes hacer para que los osos polares sigan habitando en el Ártico:

- Apaga luces, televisores y computadoras cuando no los necesites.
- Utiliza la bicicleta o camina en lugar de usar el auto.

¡Cada poquito ayuda!

Sobre la autora

Nicola Davies es escritora y zoóloga. El Ártico es el lugar más extraordinario donde ha estado y quiso celebrar su magia escribiendo sobre los dos supervivientes de la región: los osos polares y el pueblo inuit. Nicola es también autora de TIBURONES SORPRENDENTES y (NO) ME GUSTAN LAS SERPIENTES.

Sobre el ilustrador

Gary Blythe ha ilustrado varios álbumes para niños, pero este es su primer libro informativo. La majestuosidad de los osos polares le proporcionó mucha inspiración y la posibilidad de trabajar con toda una nueva gama de colores más vivos. Gary ilustró DRÁCULA, la novela de Bram Stoker, adaptada por Jan Needle.

Aquí acaba este libro
escrito, ilustrado, diseñado, editado, impreso
por personas que aman los libros.
Aquí acaba este libro que tú has leído,
el libro que ya eres.